Isah Alhassan

Mapeamento e avaliação das unidades de votação para um processo eleitoral optimizado

Isah Alhassan

Mapeamento e avaliação das unidades de votação para um processo eleitoral optimizado

ScienciaScripts

Imprint

Cover image: www.ingimage.com

This book is a translation from the original published under ISBN 978-620-2-00748-1.

Publisher:
Sciencia Scripts
is a trademark of
Dodo Books Indian Ocean Ltd. and OmniScriptum S.R.L publishing group

120 High Road, East Finchley, London, N2 9ED, United Kingdom
Str. Armeneasca 28/1, office 1, Chisinau MD-2012, Republic of Moldova, Europe
Printed at: see last page
ISBN: 978-620-7-91135-6

ÍNDICE DE CONTEÚDOS

DEDICAÇÃO

Este trabalho foi dedicado a Alá Todo-Poderoso (SWT) e a toda a família do falecido Alhassan Isah.

AGRADECIMENTOS

Os meus agradecimentos a Deus Todo-Poderoso por me ter mantido vivo até à conclusão bem sucedida desta investigação. Gostaria de expressar o meu sincero apreço ao Dr. T. Abubakar, do Departamento de Topografia e Geoinformática da Universidade de Tecnologia Modibbo Adama, Yola, e a Abdullahi Kaigama, do Departamento de Estudos Gerais da Escola Politécnica Federal de Damaturu, pela sua incomensurável ajuda e paciência na análise do meu trabalho e nas correcções que o melhoraram imenso.

Além disso, agradeço o esforço da Comissão Eleitoral Nacional Independente de Damaturu por me ter fornecido dados durante o trabalho de investigação. Gostaria também de agradecer aos meus pais e familiares pelo seu apoio físico, financeiro e espiritual. Orgulho-me de pertencer a uma família tão carinhosa.

Gostaria também de agradecer à minha mulher, Salamatu, pela sua compreensão durante as dificuldades da investigação.

Por último, não esquecerei também os meus colegas, amigos e familiares que, de uma forma ou de outra, contribuíram para o êxito desta investigação.

Capítulo 1

INTRODUÇÃO

1.1 Antecedentes do estudo

A cartografia é a criação de um mapa e o mapa é uma representação gráfica e simbólica das características significativas da superfície terrestre.

Os mapas são concebidos para ilustrar características específicas e pormenorizadas de uma determinada área e, mais especificamente, são utilizados para ilustrar a geografia de uma área. Existem muitos tipos de mapas, nomeadamente: estáticos, bidimensionais, tridimensionais, dinâmicos e interactivos. Os mapas tentam representar várias coisas, como fronteiras políticas, características físicas, estradas, topografia, população, climas, recursos naturais e actividades económicas. A tecnologia moderna do processo de cartografia digital, por outro lado, é uma forma eficaz e eficiente de cartografia. Este processo utiliza dados espaciais em forma numérica e não em forma gráfica ou analógica para compilar e produzir mapas ou planos utilizando informações em formato digital (Ndukwe, 2010). A principal função desta tecnologia é produzir mapas que dão representações exactas de uma determinada área, detalhando as principais artérias rodoviárias e outros locais de interesse. A tecnologia também permite o cálculo de distâncias de locais e a cobertura de área de entidades espaciais.

As unidades de votação (PUs) ou assembleias de voto são estruturas importantes da Comissão Eleitoral Nacional Independente (INEC). As UP são criadas com o único objetivo de servir os eleitores registados e os novos eleitores registados. As eleições têm geralmente lugar num dia ou dois, por vezes anualmente ou durante mais tempo. As secções eleitorais estão normalmente situadas em instalações utilizadas para outros fins, como escolas, igrejas, pavilhões desportivos, serviços da administração local ou mesmo casas particulares, e podem servir um número semelhante de pessoas. A área popularmente conhecida como área de registo (ward). As urnas de voto estão abertas durante um determinado período de tempo, consoante o tipo de eleição. Uma vez que as UP são locais reservados para os eleitores visitarem durante as eleições, é fundamental identificar e cartografar estes locais importantes e mostrar a sua proximidade dos eleitores. O facto de as unidades de votação estarem mais próximas dos eleitores contribuirá para um processo eleitoral mais rápido e fácil durante a votação.

Quando as unidades de votação estão longe dos eleitores, podem privá-los do direito de exercer o seu direito de voto. Por conseguinte, este estudo procura mapear as posições actuais das unidades de votação com vista a avaliar a sua posição em termos de proximidade dos eleitores. O estudo proporá igualmente novas unidades de votação com base nas distâncias percorridas para otimizar o processo eleitoral.

As unidades de votação são localizadas espacialmente no SIG através de pontos de coordenadas bidimensionais que se sobrepõem à Área de Registo (AR). Os pontos de coordenadas são normalmente valores de latitude/longitude que representam a posição de uma rua para uma UP no espaço. A cartografia das UP, juntamente com a informação sobre os limites administrativos e as camadas biofísicas, tais como a rede rodoviária principal e as principais povoações, fornece a realidade no terreno em termos de cobertura geográfica.

A deteção remota e o Sistema de Informação Geográfica (SIG) são uma ferramenta poderosa emergente que tem potencial para organizar ambientes espaciais complexos com relações tabulares. A ênfase é colocada no desenvolvimento de bases de dados espaciais digitais, utilizando os conjuntos de dados derivados de navegação de precisão e de imagens de satélite, aeronaves, digitalização de mapas e bases de dados transaccionais. Estão agora a fornecer novas ferramentas para a gestão avançada de dados. A visão da Terra a partir do espaço é agora crucial para a compreensão da influência das actividades do homem na sua base de recursos naturais ao longo do tempo. Numa situação de mudança rápida e frequentemente não registada da utilização dos solos, a observação da Terra a partir do espaço fornece informações objectivas sobre a utilização humana da terra. Nos últimos anos, os dados provenientes de satélites de deteção da Terra tornaram-se vitais para a cartografia da superfície terrestre e das infra-estruturas, a gestão dos recursos naturais e o estudo do ambiente.

O avanço no domínio do SIG contribuiu grandemente para uma série de estudos sobre medidas de acesso espacial a instalações e recursos de PU. Nos países em desenvolvimento, o SIG e a técnica de mapeamento das UP são frequentemente utilizados para criar as condições necessárias para a votação e para aumentar o acesso das populações socialmente desfavorecidas às instalações de votação.

A cartografia e a análise espacial melhoram o processo eleitoral, pelo que o SIG é utilizado para fornecer informações essenciais às partes interessadas. As áreas de aplicação incluem a gestão de dados de endereços de eleitores, a localização de UP e a apresentação de resultados eleitorais. Alguns dos mapas não são apenas mapas estáticos convencionais utilizados para apresentar informações eleitorais; são também interactivos, atraindo assim a participação dos eleitores/utilizadores.

1.2 Declaração do problema

A estrutura atual das UPs da metrópole de Damaturu, criada em 1996 pela extinta Comissão Eleitoral Nacional da Nigéria (NECON), tem 47 unidades de votação. Esta estrutura mantém-se até à data, apesar do aumento da população e do povoamento na metrópole.

De 1996 até à data, registou-se um crescimento rápido da população de Damaturu, capital de Estado. Em 1996, quando foi criada a atual estrutura do PU, a população de Damaturu era de 33 226 habitantes. Em 2006, após um Recenseamento Nacional da População (CNP), a população era de 48 014. Em 2015, quando foi efectuado o recenseamento eleitoral, a população era de 95 482 habitantes (NPC).

Devido ao aumento da população, é evidente que algumas povoações não estão próximas destas unidades de voto. Estes factores tornaram, entre outras coisas, as unidades de votação na zona inadequadas ou inacessíveis para os eleitores.

1.3 Finalidade e objectivos do estudo

O objetivo deste estudo é produzir um mapa das UPs e fazer uma análise das UPs na metrópole de Damaturu. Especificamente, o estudo procura responder aos seguintes objectivos

i. Digitalizar a imagem de satélite e localizar a posição das UPs da área de estudo.

ii. Determinar o padrão de distribuição espacial das UPs na área de estudo

iii. Identificar as UP que precisam de ser relocalizadas e propor novas UP.

iv. Definir as áreas de serviço circundadas pela população que procura o serviço com base na distância a percorrer.

1.4 Justificação do estudo

Como passo para melhorar o nível das unidades de votação na área de estudo, será necessário fornecer ao INEC e aos decisores informações como a localização, para melhorar o planeamento e a tomada de decisões adequados. As informações fornecidas permitirão ao governo tomar decisões como o planeamento da futura expansão, a distribuição de materiais ou instalações entre estas UP na área de estudo.

1.5 Âmbito do estudo

O presente estudo limita-se à metrópole de Damaturu, no Estado de Yobe, na Nigéria. O estudo sobre o padrão de distribuição considera a distância percorrida a pé num terreno bastante nivelado e normal. Não tem em conta a população votante que vive na zona.

1.6 Área de estudo

Damaturu é a capital do Estado de Yobe, na Nigéria. Faz fronteira com a área governamental local de Tarmuwa a norte, com o Estado de Borno a leste, com a área governamental local de Gujba a sul e com a área governamental local de Fune a oeste. A área de estudo é predominantemente dominada pela tribo Kanuri, Hausa/Fulani

1.6.1 Localização e extensão

O local de estudo é Damaturu, a sede da Área do Governo Local de Damaturu e a capital do Estado de Yobe. A área de estudo situa-se entre as latitudes 11° 43'53"N e 11° 44'07"N, as longitudes 11° 54'08"E e 12° 02'27"E, como mostra a Figura 1.1, com uma altitude média de 298 m acima do nível médio do mar.

1.6.2 Clima

O clima da área de estudo é caracterizado por uma curta estação chuvosa que dura 120 dias (quatro meses) e uma longa estação seca que também dura cerca de cento e oitenta dias (oito meses). A estação das chuvas decorre normalmente de junho a setembro e a precipitação anual varia entre 500 e 1000 mm. A temperatura é constante, e os meses mais quentes são março, abril e maio, com temperaturas que variam entre 30° C - 42° C.

1.6.3 Topografia

Com uma área de terreno estimada em 2.713 km2, a topografia da Área de Governo Local de Damaturu é geralmente plana. A vegetação está diretamente relacionada com factores ambientais como o solo, a precipitação e a intervenção humana. Toda a área se insere na savana do Sahel, que apresenta gramíneas curtas, arbustos espinhosos e árvores dispersas.

1.6.4 População e usos do solo

De acordo com a contagem de efectivos realizada pela Comissão Nacional da População em 2006, a população da cidade de Damaturu era de 48 014 habitantes. A metrópole de Damaturu tem uma população estimada em 69 952 habitantes, de acordo com as projecções de 2010. A utilização e a cobertura do solo de Damaturu consistem em povoações, actividades agrícolas, como a agricultura e a criação de animais, e estruturas públicas, como escolas, escritórios, estradas e mercados, etc. Sendo o centro administrativo do Estado, é habitada maioritariamente por funcionários públicos e comerciantes.

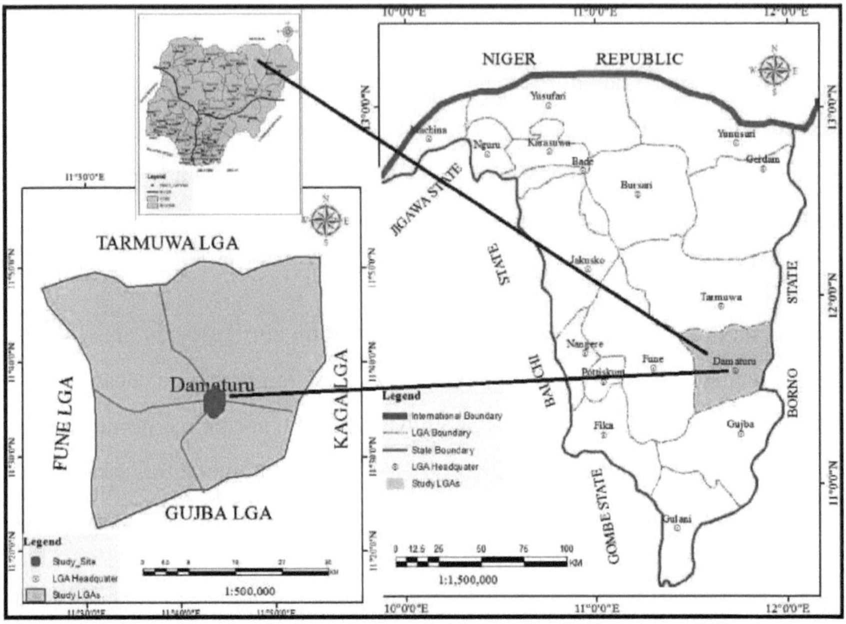

Figura 1.1: Localização da área de estudo Fonte: Trabalho de estúdio do autor (2015)

Capítulo 2

REVISÃO DA LITERATURA

2.1 Conceito básico do trabalho

O capítulo apresenta um conceito básico destinado a facilitar a compreensão do significado de Sistema de Posicionamento Global (GPS), Google Earth, Cartografia Digital, Sistema de Informação Geográfica, Base de Dados e o debate em torno do tema na literatura académica.

2.1.1 Sistema de posicionamento global (GPS)

Um recetor GPS calcula a sua posição cronometrando com precisão os sinais enviados pelos satélites GPS que se encontram no alto da Terra. Cada satélite transmite continuamente mensagens que incluem

i. A hora em que a mensagem foi transmitida

ii. Posição do satélite no momento da transmissão da mensagem

O recetor utiliza as mensagens que recebe para determinar o tempo de trânsito de cada mensagem e calcula a distância a cada satélite utilizando a velocidade da luz. Cada uma destas distâncias e localizações dos satélites define uma esfera. O recetor encontra-se na superfície de cada uma destas esferas quando as distâncias e as localizações dos satélites estão correctas. Estas distâncias e localizações dos satélites são utilizadas para calcular a localização do recetor utilizando a equação de navegação. Esta localização é então apresentada, talvez com um mapa móvel ou latitude e longitude; pode ser incluída informação sobre a elevação. Muitas unidades GPS apresentam informações derivadas, como a direção e a velocidade, calculadas a partir das mudanças de posição (Agnew, 2007).

No funcionamento típico do GPS, devem estar visíveis quatro ou mais satélites para obter um resultado exato. Normalmente, as superfícies de quatro esferas não se intersectam. Por este motivo, podemos dizer que quando resolvemos as equações de navegação para encontrar uma intersecção, esta solução dá-nos a posição do recetor juntamente com o tempo exato, eliminando assim a necessidade de um relógio muito grande, dispendioso e que consome muita energia. O tempo calculado com grande exatidão é utilizado apenas para visualização ou não é utilizado de todo em muitas aplicações GPS, que utilizam apenas a localização. Algumas aplicações para o GPS fazem uso desta cronometragem barata e altamente precisa. Estas incluem a cronometragem de sinais de trânsito de transferência de tempo e a sincronização de estações de base de telemóveis. (Agnew 2007).

Embora sejam necessários quatro satélites para o funcionamento normal, em casos especiais são necessários menos. Se uma variável já for conhecida, um recetor pode determinar a sua posição utilizando apenas três satélites. Por exemplo, um navio ou aeronave pode ter uma elevação conhecida. Alguns receptores GPS podem utilizar pistas ou pressupostos adicionais, como a reutilização da última altitude conhecida, o cálculo morto da navegação inercial ou a inclusão de informações do computador do veículo, para fornecer uma posição (possivelmente degradada) quando são visíveis menos de quatro satélites. (Agnew 2007).

2.1.1.1 Estrutura do GPS

O GPS atualmente utilizado em todo o mundo é composto por três segmentos principais. Estes são o segmento espacial, um segmento de controlo e um segmento de utilizador. A Força Aérea dos EUA desenvolve, mantém e opera os segmentos espacial e de controlo. Os satélites GPS emitem sinais a partir do espaço e cada recetor GPS utiliza estes sinais para calcular a sua localização tridimensional (latitude, longitude e altitude) e a hora atual. (George, Daniel, Micheal, Etiene e Pascal, 2005). O segmento espacial é composto por 24 a 32 satélites em órbita terrestre média e inclui os adaptadores de carga útil para os impulsionadores necessários para os lançar em órbita. O segmento de controlo é composto por uma estação de controlo principal, uma estação de controlo principal alternativa e uma série de antenas terrestres e estações de monitorização dedicadas e partilhadas. O segmento de utilizadores é composto por centenas de milhares de utilizadores militares americanos e aliados do Serviço de Posicionamento Preciso GPS seguro e dezenas de milhões de utilizadores civis, comerciais e científicos do Serviço de Posicionamento Normalizado.

2.1.1.2 Segmento do utilizador

Os receptores GPS estão disponíveis em vários formatos, desde dispositivos integrados em automóveis, telemóveis e relógios, a dispositivos dedicados como o GPS da Garmin. Secure GPS Precise Positioning Service, e dezenas de milhões de utilizadores civis, comerciais e científicos do Standard Positioning Service. Em geral, os receptores GPS são compostos por uma antena, sintonizada nas frequências transmitidas pelos satélites, processadores receptores e um relógio altamente estável (frequentemente um oscilador de cristal). Podem também incluir um visor para fornecer informações de localização e velocidade ao utilizador. O número de canais descreve frequentemente um recetor: significa o número de satélites que pode monitorizar simultaneamente. Inicialmente limitado a quatro ou cinco, este número tem vindo a aumentar progressivamente ao longo dos anos, pelo que, a partir de 2007, os receptores têm normalmente entre 12 e 20 canais.

2.1.1.3 Aplicações

Embora originalmente um projeto militar, o GPS é considerado uma tecnologia de dupla utilização, o que significa que tem aplicações militares e civis significativas. O GPS tornou-se uma ferramenta amplamente utilizada e útil para o comércio, utilizações científicas, localização e vigilância. A precisão da hora do GPS facilita as actividades quotidianas, como a banca, as operações com telemóveis e até o controlo das redes eléctricas, permitindo uma boa sincronização dos ponteiros do relógio off switch in.

2.1.1.4 Restrições à utilização civil

O Governo dos EUA controla a exportação de alguns receptores civis. Todos os receptores GPS capazes de funcionar acima dos 18 quilómetros (11 milhas) de altitude e dos 515 metros por segundo ou concebidos ou modificados para utilização com veículos aéreos não tripulados, como, por exemplo, sistemas de mísseis balísticos ou de cruzeiro, são classificados como munições (armas) para as quais são necessárias licenças de exportação do Departamento de Estado. Esta regra aplica-se mesmo a unidades puramente civis que apenas recebem a frequência L1 e o código C/A (Coarse/Acquisition) e não podem corrigir a disponibilidade selectiva (SA), etc. A desativação do funcionamento acima destes limites isenta o recetor da classificação como munição. As interpretações dos fornecedores são diferentes. A regra refere-se ao funcionamento tanto à altitude como à velocidade alvo, mas alguns receptores deixam de funcionar mesmo quando estão parados. Este facto tem causado problemas com alguns lançamentos de balões de rádio amador que atingem regularmente 30 quilómetros (19 milhas). Estes limites só se aplicam a unidades exportadas dos (ou que tenham componentes exportados dos) EUA - Existe um comércio crescente de vários componentes, incluindo unidades GPS, fornecidos por outros países, que são expressamente vendidos como isentos de ITAR.

2.1.2 Cartografia digital

Este é o processo de produção de mapas a partir de dados espaciais em formato numérico e não em formato gráfico ou analógico. Também se refere a uma compilação e produção computorizada de mapas ou planos utilizando informação em formato digital (Ndukwe, 2001). A cartografia digital (também designada por cartografia digital) é o processo através do qual uma coleção de dados é compilada e transformada em imagem. A principal função desta tecnologia é produzir mapas que forneçam representações exactas de uma determinada área, detalhando as principais artérias rodoviárias e outros locais de interesse. A tecnologia também permite o cálculo de distâncias de locais e a cobertura de área de entidades espaciais. Embora a cartografia digital possa ser encontrada numa variedade de aplicações informáticas, como o Google Earth, a principal utilização destes mapas é a rede de satélites do Sistema de Posicionamento Global (GPS), utilizada no sistema de navegação automóvel padrão (Ndukwe, 2001).

A cartografia digital inclui três opções, nomeadamente:

i. A captura ou aquisição de dados envolve a conversão dos dados em formas digitais.

ii. O processamento de dados é a transformação de dados em estruturas para diferentes funções.

iii. A apresentação de dados transmite dados aos utilizadores através de ecrãs visuais. A cartografia digital é

uma técnica em Sistema de Informação Geográfica (SIG) e Deteção Remota.

O desenvolvimento da cartografia digital tem estado intimamente associado aos SIG, que consistem no armazenamento e análise de informações espaciais contidas numa base de dados. A teoria da cartografia digital assenta na interface dos dados geo-espaciais com o sistema de saída gráfica. A cartografia digital requer dados geograficamente referenciados, que constituem a base do SIG. Ambas implicam a criação de bases de dados e a obtenção de dados através de operações de levantamento no terreno, fotogrametricamente ou digitalizando graficamente um mapa existente.

A cartografia digital é uma réplica da cartografia tradicional ou convencional, exceto que os processos de cartografia digital são realizados com computadores e software de aplicação, ao passo que os processos convencionais são realizados manualmente. Por conseguinte, um sistema de cartografia digital (DMS) é uma configuração de hardware de computador, software de aplicação, sistema de aquisição de dados utilizando o Global Position System (GPS) ou a estação total e dispositivos de apresentação de dados.

A cartografia digital é descrita como a compilação computorizada em formatos digitais. A cartografia digital é um processo de cartografia baseado em computador que envolve a produção de mapas (geralmente em média e grande escala) a partir de dados espaciais armazenados em formato numérico. A cartografia digital é igualmente descrita como cartografia computorizada, cartografia automatizada, cartografia assistida por computador (CAM) ou simplesmente cartografia automatizada (Kannie e Petie 1990).

Igbokwe (1999) define a cartografia digital como o casamento de computadores centrais de processos sofisticados com o método de cartografia convencional. A cartografia digital é também referida como produção de mapas baseada em bases de dados. O mapeamento digital é um desdobramento da moderna tecnologia informática orientada não necessariamente para a substituição completa do sistema analógico tradicional de representação da informação, mas para a utilização do moderno sistema digital computorizado na melhoria do sistema antigo, de modo a que os principais objectivos sejam que o computador assuma a maior parte das tarefas que são normalmente executadas por operadores humanos num processo de mapeamento convencional e, assim, aumente o valor do mapa como fonte de informação ambiental para todos os tipos de tomada de decisões de planeamento. Para concluir, o sistema de cartografia digital é uma configuração de hardware de computador, software de aplicação, sistema de aquisição de dados e dispositivo de apresentação de dados.

A cartografia digital refere-se a uma compilação e produção computorizada de mapas ou planos utilizando informação em formato digital. Em suma, a cartografia digital é um processo de cartografia baseado em computador que envolve a produção de mapas (geralmente de média e grande escala) a partir de dados espaciais armazenados em formato numérico e não em formato gráfico ou analógico.

A cartografia digital permite separar o conteúdo de um mapa em camadas, ou seja, camada topográfica ou de contorno, camada de pormenor, camada rodoviária, etc. Além disso, combinados/sobrepostos/sobrepostos noutra extremidade para dar/produzir um mapa digital.

Em geral, a cartografia digital refere-se a uma representação espacial de um objetivo estático (edifício, relevo, contorno ou estradas) do ambiente terrestre em várias camadas de mapa com a ajuda de um computador e de software de aplicação.

2.1.3 Sistema de informação geográfica (SIG)

O Sistema de Informação Geográfica (SIG) é um poderoso conjunto de ferramentas para recolher, armazenar, recuperar à vontade, transformar e apresentar dados espaciais do mundo real para um determinado conjunto de objectivos (Burrough, 1998).

O SIG é capaz de adquirir dados indexados espacialmente a partir de uma variedade de fontes, transformar os dados em formatos úteis, armazenar os dados, recuperar e manipular os dados para análise e, em seguida, gerar os resultados exigidos por um determinado dado (Fischer & Nijkamp, 1993).

O Sistema de Informação Geográfica (SIG) é um sistema que pode ser utilizado para captar, armazenar, analisar e gerir dados e as suas características associadas que são espacialmente uma referência à terra. Além disso, este sistema pode ser definido como um sistema informático para integrar, armazenar, partilhar e apresentar informações geográficas com referência. As tecnologias GIS utilizam informações digitais obtidas através de um método de geração de dados digitais. O método de produção mais utilizado é a digitalização, que consiste na transferência de um mapa impresso ou de um plano topográfico para meios digitais sob a forma de um programa informático (desenho assistido por computador, CAD) e de capacidades de geo-referenciação. O SIG pode ser utilizado para descrever as características da superfície, do subsolo e da atmosfera a partir de pontos de informação em vistas bidimensionais ou tridimensionais. Por exemplo, o SIG pode criar um mapa de isopletas ou curvas de nível que indicam diferenças na precipitação. O SIG pode reconhecer e analisar as relações espaciais que existem entre os dados espaciais armazenados digitalmente. As relações topológicas que são modeladas com a topologia SIG podem incluir a adjacência, a contenção e a proximidade. Com esta modelação topológica, podemos detetar a localização da Comissão Eleitoral, a posição das assembleias de voto (TPS) ou qualquer coisa relacionada com necessidades logísticas e de distribuição da Comissão. Além disso, o SIG também pode ser utilizado para a modelação cartográfica. A modelação cartográfica pode ser definida como um processo em que a camada temática criada, processada e analisada, sobre uma área do mesmo âmbito. (Benni 2014).

Uma aplicação WebGIS é uma aplicação de Sistema de Informação Geográfica (SIG), que pode ser acedida em linha através da Internet. A configuração de um WebGIS inclui um servidor que tem a funcionalidade de um MapServer, que processa um pedido de mapa do cliente e depois envia o mapa de volta ao cliente. Neste caso, o utilizador/cliente não precisa de ter um software GIS específico.

O WebGIS da Comissão Geral de Eleições [Komisi Pemilihan Umum (KPU)] é uma aplicação que serve para ajudar os utilizadores comuns, bem como a Comissão Geral de Eleições (KPU), a monitorizar a distribuição de urnas, boletins de voto, tinta, formulários e outros materiais eleitorais da KPU central para a KPU provincial, depois para as aldeias até às assembleias de voto em toda a Indonésia. Com este sistema, a distribuição da logística para as eleições pode ser facilmente monitorizada e informada por quaisquer autoridades, incluindo as comunidades em geral, que possam necessitar de informação.

2.2 Revisão da literatura relacionada

O estudo de Olubadewo et al (2013) indica que a utilização da tecnologia (SIG) para o planeamento da educação provou ser muito importante para a tomada de decisões em Fagge L.G.A, fornecendo aos planeadores um cenário geográfico integrado da localização das escolas. O mapa temático e a análise do vizinho mais próximo mostram que a distribuição das escolas primárias na área é mais concentrada do que noutras áreas, enquanto as zonas tampão mostram que as escolas estão mais próximas das estradas e dos mercados. A base de dados mostra que existem 222 salas de aula, 12.693 alunos e 558 professores nas áreas em que o resultado mostra uma relação perfeita e significativa entre o número de professores e alunos. A ferramenta de análise (Nearest Neighbour) foi utilizada para analisar o padrão de distribuição e o resultado mostra que as escolas estão dispersas.

Noutro estudo realizado em Yola North LGA, no estado de Adamawa, por Aliyu et al (2013), descreve claramente o processo de utilização do mapa temático e da análise do vizinho mais próximo em 13

determinar o padrão de distribuição das escolas pós-primárias. O estudo revela como as escolas foram localizadas no mapa digital e mostra que existe um padrão aleatório de distribuição na área de estudo. As potencialidades da tecnologia GIS na conceção e criação de bases de dados foram demonstradas e consideradas mais eficientes do que a abordagem manual.

A utilização do SIG para analisar a distribuição das instalações não é nova no Estado de Kano, como no estudo de Ahmed et al (2013), onde foram utilizados mapas temáticos e análises de vizinhança mais próxima e se descobriu que o padrão de distribuição das esquadras de polícia na metrópole de Kano é geralmente aleatório e desigual, com um pequeno agrupamento no centro. Foram criadas zonas-tampão de um e dois quilómetros e o resultado mostra que a cidade velha de Kano e a parte oriental da metrópole estavam totalmente servidas, enquanto a parte ocidental e meridional estavam mal servidas.

No estudo de Sule (2012), as localizações das escolas primárias privadas na metrópole de Kaduna foram determinadas através da utilização de um recetor GPS portátil. O mapa temático, a análise do vizinho mais próximo e da zona tampão revelaram que as escolas não estavam distribuídas de forma homogénea, uma vez que algumas zonas têm escolas concentradas em determinados locais, enquanto outras não têm nenhuma, e algumas povoações têm falta de escolas privadas, enquanto outras têm excesso.

Noutra investigação conduzida por Kibon e Ahmed (2013), utilizaram um mapa temático e a análise do vizinho mais próximo, o que mostra que a distribuição das unidades de saúde na metrópole de Kano é feita em grupos.

A investigação determinou a distribuição espacial das escolas primárias públicas e comparou as instalações de ensino primário disponíveis com o conjunto de dados da UNESCO (1996), UBE (2004) e o Plano Metropolitano de Kano revisto (1980). O recetor do Sistema de Posicionamento Global foi utilizado para obter as coordenadas (latitude e longitude) da área governamental local das escolas primárias públicas. Para além disso, o mapa digital do Estado de Kano serviu de mapa de base sobre o qual foram traçadas as posições das escolas. Os dados relativos aos números da população, às matrículas dos alunos, ao número de salas de aula e ao pessoal docente em cada uma das escolas foram obtidos a partir dos registos das várias escolas. A análise dos dados foi efectuada com o software ArcGis 10.1. A ferramenta de análise (Nearest Neighbour) foi utilizada para analisar o padrão de distribuição e o resultado mostra o valor de Rn = 3,251339 que é disperso. Foi criado um buffer de 2 km (raio de serviço) e o resultado mostra que toda a área da administração local de Tarauni, em Kano, foi totalmente servida.

A distribuição espacial do risco de paludismo estava associada à elevação e, marginalmente, à temperatura máxima. O mapa resultante concordava largamente com a opinião de peritos sobre a variação do risco no país, e mostrava ainda uma variação marcada mesmo a nível local. As zonas de alto risco situavam-se nas regiões baixas das margens dos lagos, enquanto as zonas de baixo risco se situavam ao longo das terras altas do país. O mapa forneceu uma descrição inicial da variação geográfica do risco de paludismo no Malavi, e pode ajudar na escolha e conceção de intervenções, o que é crucial para reduzir o fardo (Lawrence, 2006).

Wrigley et al (1996), considera que existem diferentes métodos para identificar e medir os agregados espaciais. Os métodos de análise de aglomerados espaciais distinguem-se uns dos outros porque foram concebidos para responder a diferentes aspectos das questões relativas aos aglomerados (ou seja, se existem aglomerados, onde estão os aglomerados ou qual a intensidade do aglomerado) ou porque se baseiam em filosofias diferentes para examinar o mundo real (ou seja, escala de observação, medição da separação espacial e subjetividade introduzida durante a interação com os dados).

Na investigação efectuada por Inobeme (2009), é analisada a distribuição das escolas secundárias na região de Zaria. O estudo revela que, embora haja um certo número de GOSS, a sua distribuição espacial é muito desigual. Algumas zonas estão bem servidas de escolas secundárias. Outras zonas estão mal servidas, apesar das suas necessidades educativas. O documento argumenta que este tipo de distribuição encoraja largamente a proliferação de escolas secundárias privadas na zona de Zaria.

O projeto de investigação deduz que o padrão espacial dos GOSS na área de Zaria não é adequado, uma vez que as áreas negligenciadas também fazem parte da população e necessitam urgentemente de ensino secundário. Além disso, este tipo de distribuição, juntamente com a deterioração da qualidade dos serviços prestados nos GOSS, talvez seja uma das principais causas da crescente proliferação de escolas secundárias privadas na região de Zaria, a maioria das quais está a tornar-se um problema em vez de uma solução para a distribuição desigual.

O estudo utilizou técnicas de SIG para mostrar a distribuição espacial das escolas primárias e secundárias em Bida e técnicas estatísticas (correlação de postos de spearman) para avaliar o grau de desigualdade na concentração de estabelecimentos de ensino básico. O resultado revela que a oferta de escolas primárias e secundárias na cidade de Bida não é orientada pela distribuição da população nas freguesias, uma vez que o valor t calculado, 1,28, é inferior ao valor t crítico de 1,78. Para avaliar o nível de desigualdade utilizando a Curva de Lorenz, observou-se que cerca de 50% dos estabelecimentos de ensino básico na cidade de Bida são frequentados por cerca de 39% dos habitantes. Isto implica que algumas zonas de Bida são deficientes em termos de infra-estruturas educativas de base e que um grande número de habitantes não tem acesso adequado a estas infra-estruturas, além de estabelecer que a concentração da população em várias alas não foi tida em conta na distribuição das escolas primárias e secundárias na cidade de Bida. A distribuição da população e do número de escolas primárias e secundárias está num nível de desigualdade razoável, o que indica relativamente algum grau de desigualdade (o valor do Coeficiente de Gini é de 0,57).

Uma assembleia de voto, local de voto ou, simplesmente, uma assembleia de voto é um local onde os eleitores votam nas eleições (Barbara, 2010). A integridade de uma eleição depende da existência de locais de voto acessíveis, seguros e eficientes para todos os eleitores registados num círculo eleitoral. A seleção dos locais de votação e a disponibilização de pessoal e equipamento são requisitos básicos para os governos que realizam eleições. As assembleias de voto estão localizadas em distritos eleitorais, como as circunscrições (wards). O número de mesas de voto numa circunscrição depende da população de eleitores e da dimensão física da circunscrição. Na Tanzânia, por exemplo, as eleições realizam-se normalmente uma vez em cada cinco anos, pelo que os governos utilizam frequentemente edifícios públicos como escolas, terrenos abertos, câmaras municipais e centros comunitários como assembleias de voto. De acordo com a Conferência Nacional Anual da MPSA (2008), a distância à assembleia de voto tem um impacto na participação eleitoral. O Reino Unido destaca-se entre as democracias liberais ocidentais pelo facto de apresentar uma diferença de participação relativamente grande. A diferença em pontos percentuais entre as taxas de participação nas eleições para o Parlamento de Westminster e as de outras instituições, incluindo os conselhos locais e o Parlamento Europeu supranacional. O estudo sugere que existe efetivamente uma relação entre a distância e a participação eleitoral, que é mais forte nas eleições europeias e locais de menor importância do que nas eleições nacionais de maior importância. Por conseguinte, conclui-se que a geografia local da secção de voto pode ter um impacto significativo na afluência às urnas e que deve ser adoptada uma abordagem estratégica para a localização das secções de voto.

Mills (2002) sugere que a avaliação do papel da acessibilidade física na determinação das taxas de participação se baseie na informação individual dos eleitores, especificamente, na distância (ou numa medida equivalente) até à secção de voto e no facto de terem votado. O objetivo é obter informações agregadas sobre a participação e a acessibilidade. Embora isto possa introduzir potenciais erros ecológicos quando a informação agregada é utilizada para inferir o comportamento individual, permite que a informação demográfica seja incorporada. A acessibilidade é medida aqui como a distância em linha reta que separa o eleitor do local de votação. Parte-se do princípio de que a deslocação para votar começa em casa. Por conseguinte, a acessibilidade é definida em termos da distância média percorrida por todos os eleitores.

As zonas eleitorais variam muito em termos de características geográficas. Algumas podem servir zonas urbanas densamente povoadas, em que o local de voto abrange uma área com um raio de apenas algumas centenas de metros do local de voto.

Noutras zonas mais rurais, com baixa densidade populacional, as assembleias de voto podem muitas vezes servir eleitores de uma área de muitos quilómetros quadrados, o que implica grandes deslocações até à assembleia de voto por parte dos eleitores das localidades mais afastadas do local. Na Macedónia, muitos eleitores têm de se deslocar até 20 km e na Moldávia as assembleias de voto foram instaladas em estações ferroviárias para aqueles que têm de se deslocar para votar (Mill, 2002).

Muitas vezes não é necessário que o local de votação se situe na zona eleitoral. Por exemplo, quando existem várias zonas eleitorais que abrangem situações urbanas densamente povoadas, pode haver um edifício público importante e conveniente numa das três zonas eleitorais, que seja igualmente conveniente para as outras duas e onde sejam estabelecidos vários locais de votação. O número de eleitores que podem votar numa assembleia de voto é também infinitamente variável, podendo ir de 10 a 20 eleitores até milhares de eleitores (ACE, 2015)

Eklund (2012) utilizou os processos de análise da área de serviço e de análise da instalação mais próxima na versão ArcGIS 9.2 do Network Analyst. A análise da área de serviço calculou os tempos de deslocação para cada hospital geral na Cisjordânia e a análise da instalação mais próxima calculou os tempos de deslocação e a distância que separa todas as 668 comunidades palestinianas das instalações de cuidados de saúde.

O facto de ter analisado várias investigações realizadas por vários autores sobre a distribuição espacial deu-me a oportunidade de fazer uma boa escolha do método adequado a utilizar no meu trabalho. No entanto, a avaliação comparativa dos seus trabalhos revelou algumas lacunas que me permitem melhorar a análise da rede.

Capítulo 3

METODOLOGIA

3.1 Enquadramento geral do trabalho

Este capítulo descreve, de um modo geral, os materiais/equipamentos utilizados e as metodologias a seguir para atingir o objetivo da investigação através dos objectivos estabelecidos. O capítulo apresenta uma descrição da área de investigação. Este capítulo é o coração de todo o trabalho, pois fornece as traduções directas ou as interpretações dos objectivos da investigação. Explicou o planeamento, o instrumento utilizado, o método de recolha de dados, o processamento de dados como a geo-referenciação, a digitalização e as consultas, tal como resumido na Figura 3.1.

3.2 Instrumentos e materiais

Para a boa execução deste trabalho, o investigador utilizou os seguintes instrumentos.

3.2.1 Equipamentos de hardware

i. Garmin 60, Sistema de Posicionamento Global (GPS) portátil
ii. Sistema informático
iii. Impressora

3.2.2 Pacotes de software

i. ArcGIS 10.3 (Versão)
ii. Adobe Photoshop 7.0 (Versão)
iii. Google Earth

3.3 Método de recolha de dados

3.3.1 Fonte de dados/aquisição de dados

São dois os métodos de recolha de dados adoptados neste trabalho de investigação, nomeadamente

i. Recolha de dados primários

ii. Recolha de dados secundários

i. **Recolha de dados primários**: Trata-se da aquisição direta de dados no local. Os dados das UP foram obtidos através do método de levantamento no terreno utilizando um GPS portátil. As imagens de satélite da área de estudo foram obtidas a partir do software Google Earth.

ii. **Recolha de dados secundários**: Trata-se da informação única sobre a área de investigação. Os dados secundários foram obtidos no gabinete do INEC de Damaturu, como se mostra no Quadro 3.1. As informações obtidas do INEC incluem o seguinte

i. Nome das unidades de voto

ii. Código das unidades de voto

iii. Zona de registo/ Número de zonas de registo

iv. Número de eleitores das unidades de voto

v. Localização das unidades de voto/ Número de unidades de voto

3.4 Qualidade dos dados

A qualidade dos dados utilizados em qualquer trabalho de investigação é medida pela validade e fiabilidade desses dados. As premissas para o pressuposto aqui são a fiabilidade e a experiência do observador desses dados. A validade dos dados é determinada pela precisão do instrumento utilizado e, consequentemente, pela precisão do conjunto de dados (Idowu 2013). A precisão pode ser descrita como o grau de proximidade de um conjunto de medições repetidas entre si. A fiabilidade dos dados é medida com base na exatidão desses dados, enquanto a exatidão se refere ao grau de proximidade dos dados em relação a outros locais designados por valores verdadeiros, frequentemente designados por "dados padrão-ouro" (Idowu 2013).

Alguns dos dados necessários para esta investigação foram recolhidos em estabelecimentos aprovados pelo Governo. O mapa topográfico da área de estudo foi obtido no Ministério da Terra e da Habitação do Estado de Yobe, em Damaturu. A imagem de satélite foi obtida a partir de imagens de satélite de alta resolução do Google Earth 2015. Os dados de coordenadas das localizações georreferenciadas e das UP foram obtidos pelo investigador. Com base nas fontes de dados acima referidas, conclui-se que a validade, a fiabilidade e, consequentemente, a qualidade dos dados deste estudo são satisfatórias.

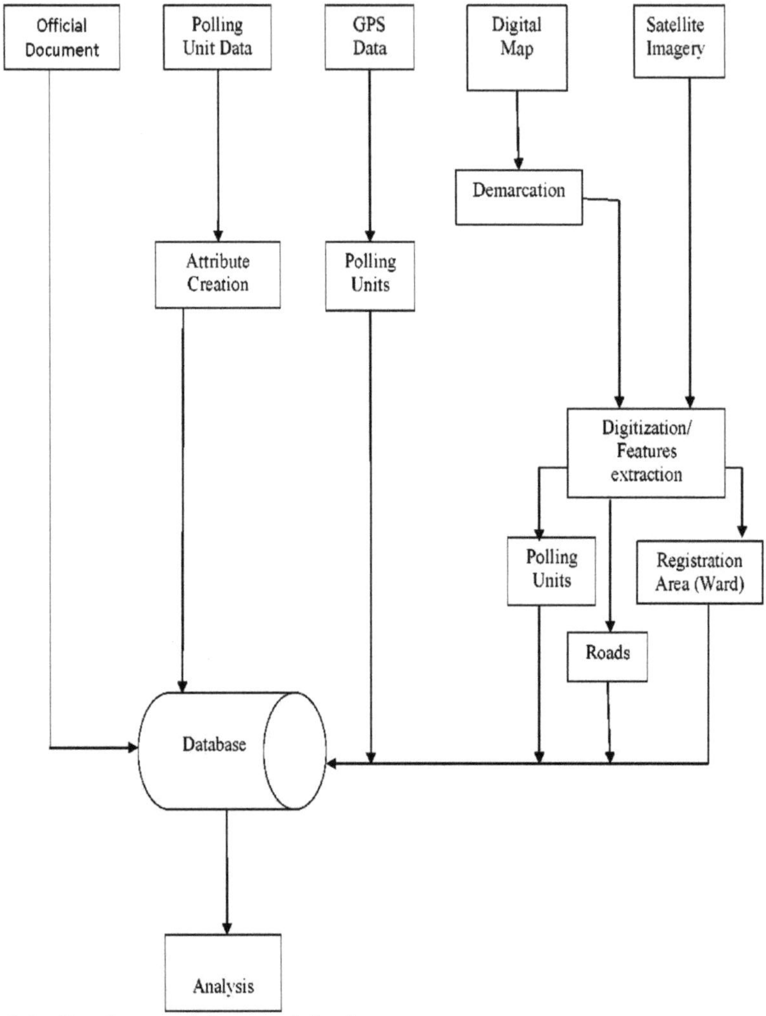

Figura 3.1: Quadro geral da metodologia
Fonte: Trabalho de estúdio do autor

Quadro 3.1: Dados de atributos da unidade de sondagem existente

S/No.	Nome PU	Código PU	Área de registo
1.	Alhajiri, Espaço Aberto de Alhajiri	35/03/01/001	Bindigari/Fawari
2.	Escola Primária Ali Marami	35/03/01/002	Bindigari/Fawari
3.	Escola Primária de Bindagari	35/03/01/003	Bindigari/Fawari
4.	Fawari, Espaço Aberto de Fawari	35/03/01/004	Bindigari/Fawari
5.	Silvicultura, Serviço Florestal	35/03/01/005	Bindigari/Fawari
6.	Hayas Cinema, Hayas I	35/03/01/006	Bindigari/Fawari
7.	Hayas Cinema, Hayas II	35/03/01/007	Bindigari/Fawari
8.	Escritório L.E.A., Escritório L.E.A.	35/03/01/008	Bindigari/Fawari
9.	Rumfan Idrisa, Rumfan Idris	35/03/01/009	Bindigari/Fawari
10.	Ministério de Estado das Obras Públicas	35/03/01/010	Bindigari/Fawari
11.	Abasha Kofar Bulama	35/03/03/001	Damaturu Central
12.	Portão de Usman Koriyel	35/03/03/002	Damaturu Central
13.	Portão Alhaji Mele	35/03/03/003	Damaturu Central
14.	Central Pri. Sch.	35/03/03/004	Damaturu Central
15.	Mairi, Dispensário Mairi	35/03/03/005	Damaturu Central
16.	Mairi, Gabinete do Tribunal de Área	35/03/03/006	Damaturu Central
17.	Malam Mattari, M. Mattari	35/03/03/007	Damaturu Central
18.	Manu Tela, Manu Tela	35/03/03/008	Damaturu Central
19.	Manu Tela, Babban Tsangaya	35/03/03/009	Damaturu Central
20.	Parque automóvel, Parque automóvel	35/03/03/010	Damaturu Central
21.	Gujba Goni Muktar Pri. Sch.	35/03/03/011	Damaturu Central
22.	Chefe de aldeia M. Goni	35/03/03/012	Damaturu Central
23.	Conselho da Água	35/03/03/013	Damaturu Central
24.	Portão R E B	35/03/03/014	Damaturu Central
25.	Fed. Dispensário Politécnico	35/03/07/001	Maisandari/Waziri Ibrahim
26.	Habitação Ben Kalio, paragem de autocarro	35/03/07/003	Maisandari/ Waziri Ibrahim
27.	Maisandari Pri. Sch.	35/03/07/004	Maisandari/ Waziri Ibrahim
28.	Waziri Ibrahim Estate Pri. Sc	35/03/07/006	Maisandari/ Waziri Ibrahim

29.	Portão de Bulama Modu	35/03/09/001	Nayinawa
30.	B.S Kofar Bulama Shatimari	35/03/09/002	Nayinawa
31.	Portão de Bulama Talba	35/03/09/003	Nayinawa
32.	Ibrahim Abatcha Housing Est	35/03/09/004	Nayinawa
33.	Espaço aberto do furo de Nayinawa	35/03/09/005	Nayinawa
34.	Nayinawa Pri. Sch.	35/03/09/006	Nayinawa
35.	Espaço Nayinawa Tsangaya	35/03/09/007	Nayinawa
36.	Tsamiya Lilo	35/03/09/008	Nayinawa
37.	Espaço aberto Tukuban Akawu	35/03/09/009	Nayinawa
38.	Clínica veterinária, Veterinária	35/03/09/010	Nayinawa
39.	Portão de Bulama Kurma	35/03/10/001	Njiwaji/ Gwange
40.	Bulama Kurma, Kalloma's G	35/03/10/002	Njiwaji/ Gwange
41.	Serviço de Bombeiros	35/03/10/003	Njiwaji/ Gwange
42.	Clínica de maternidade, Clínica	35/03/10/004	Njiwaji/ Gwange
43.	Portão Modu Fadkema	35/03/10/005	Njiwaji/ Gwange
44.	Njiwaji Pri. Sch I	35/03/10/006	Njiwaji/ Gwange
45.	Njiwaji Pri. Escola II	35/03/10/007	Njiwaji/ Gwange
46.	Njiwaji Layout, K/ Masallaci	35/03/10/008	Njiwaji/ Gwange
47.	Furo de Pompamari	35/03/10/009	Njiwaji/ Gwange

Fonte: Comissão Eleitoral Nacional Independente, Damaturu. (2015)

3.5 Processamento de dados

Os dados processados incluem dados GPS, georreferenciação e digitalização

3.5.1 Processamento de dados GPS

Os dados foram recolhidos utilizando o GPS de mão Garmin 60 e foram descarregados para o sistema informático para obter as coordenadas X, Y das UPs, como se mostra na Tabela 3.2. As coordenadas foram obtidas utilizando o GPS de mão, que se encontra no sistema de coordenadas WGS 84. Os dados foram depois importados para o ArcMap 10.3 através do software Microsoft Excel para atualização do mapa.

3.5.2 Georreferenciação

Existe uma grande quantidade de dados geográficos disponíveis em formatos que não podem ser imediatamente integrados com outros dados SIG. Para utilizar estes tipos de dados no SIG, é necessário alinhá-los com os dados geograficamente referenciados existentes, o que se designa por georreferenciação. O processo de georreferenciação baseia-se na coordenação de pontos na imagem digitalizada (dados a serem georreferenciados) com pontos num dado geograficamente referenciado (dados aos quais a imagem será georreferenciada). Ao "ligar" pontos na imagem com essas mesmas localizações nos dados geograficamente referenciados, cria-se uma transformação polinomial que converte a localização de toda a imagem para a localização geográfica correcta. Podemos designar os pontos ligados em cada camada de dados como pontos de controlo. A seleção dos pontos de controlo é importante (Manjula, Jyothi & Anand Kumar Varma, 2010).

Nesta investigação, a imagem de satélite foi descarregada do software Google Earth em cenas e, em seguida, foi utilizado o software Adobe Photoshop 7.0 para fundir as imagens de satélite, tendo sido produzida uma imagem composta da área de estudo. Posteriormente, foi transferida para o ambiente ArcCatalog, onde foi referenciada espacialmente para a zona 32 do WGS 1984 e foi construída uma pirâmide. A imagem da área de estudo foi adicionada ao ambiente ArcMap. A imagem foi georreferenciada através dos seguintes passos:

1. Clique na ferramenta Adicionar ponto de controlo na barra de ferramentas de georreferenciação.

2. Clique numa localização conhecida na imagem não referenciada para adicionar a primeira coordenada na ligação.

3. Clique com o botão direito do rato na imagem e clique em introduzir X e Y.

4. Introduzir as coordenadas de referência na caixa de diálogo Introduzir coordenadas.

5. Clique em OK.

6. Repetir o passo anterior com cada ponto de controlo (5 pontos de controlo)

3.5.3 Digitalização

A digitalização é o processo de conversão de características de um mapa em papel para o formato digital. É possível utilizar um digitalizador em conjunto com as ferramentas de edição do ArcMap para criar novas características ou editar características existentes num mapa digital. A digitalização é o processo de criação de uma versão eletrónica de um objeto ou evento do mundo real, permitindo que o objeto seja armazenado, apresentado e manipulado num computador e disseminado através de redes. Mas antes da digitalização, o mapa deve ser georreferenciado (Manjula, Jyothi & Anand Kumar Varma, 2010).

No ArcCatalog, foram criados novos shapefiles do tipo adequado (ponto, linha e polígono) com o sistema de coordenadas adequado (WGS 1984). Os novos shapefiles criados (estrada e limite da área de registo) foram adicionados ao ambiente Arcmap para digitalização. Na barra de ferramentas do editor, clicou-se em start editing para iniciar a digitalização e, em seguida, seleccionou-se a shapefile a partir das novas shapefiles criadas. Quando a digitalização da shapefile selecionada foi concluída, clicou-se em stop editing (parar edição) para parar a digitalização.

3.6 Índice de distribuição espacial

A análise do vizinho mais próximo médio foi utilizada para determinar a distribuição espacial das UP na metrópole de Damaturu e a sua fórmula é apresentada na equação 1.

$$Rn = \frac{dVn}{a} \quad \text{...} (1)$$

Onde:

Rn = o índice do vizinho mais próximo

Tabela 3.2: Dados de coordenadas das UPs existentes

Coordenadas

S/No.	Nome PU	Longitude	Latitude
1.	Alhajiri, Espaço Alhajiri	11.960127	11.746805
2.	Escola Primária Ali Marami	11.943728	11.75972
3.	Escola Primária de Bindagari	11.958249	11.746287
4.	Fawari, Espaço Aberto de Fawari	11.957394	11.75405
5.	Silvicultura, Serviço Florestal	11.95746	11.749763
6.	Hayas Cinema, Hayas I	11.959422	11.743194
7.	Hayas Cinema, Hayas II	11.959691	11.743754
8.	Escritório L.E.A., Escritório L.E.A.	11.95837	11.74101
9.	Rumfan Idrisa, Rumfan Idris	11.957139	11.74364
10.	Ministério de Estado das Obras Públicas	11.94903	11.771821
11.	Abasha Kofar Bulama	11.961183	11.744635
12.	Portão de Usman Koriyel	11.96153	11.74465
13.	Portão Alhaji Mele	11.961456	11.746827
14.	Central Pri. Sch.	11.958726	11.753203
15.	Mairi, Dispensário Mairi	11.96109	11.754176
16.	Mairi, Gabinete do Tribunal de Área	11.960628	11.754186
17.	Malam Mattari, M. Mattari	11.957499	11.703118
18.	Manu Tela, Manu Tela	11.962037	11.748482
19.	Manu Tela, Babban Tsangaya	11.960871	11.74899
20.	Parque automóvel, Parque automóvel	11.960821	11.742332
21.	Gujba Goni Muktar Pri. Sch.	11.955323	11.712749
22.	Chefe de aldeia M. Goni	11.962615	11.750526
23.	Conselho da Água	11.962066	11.740737
24.	Portão R E B	11.96226	11.741632
25.	Fed. Dispensário Politécnico	11.984026	11.747716
26.	Habitação Ben Kalio, paragem de autocarro	12.004766	11.738987

27.	Maisandari Pri. Sch.	12.017824	11.739025
28.	Waziri Ibrahim Estate Pri. Sc	11.998022	11.753676
29.	Portão de Bulama Modu	11.955339	11.745219
30.	B.S Kofar Bulama Shatimari	11.955197	11.747803
31	Portão de Bulama Talba	11.954632	11.745366
32.	Ibrahim Abatcha Housing Est	11.940396	11.731901
33.	Furo de sondagem de Nayinawa Open Spa	11.947455	11.740419
34.	Nayinawa Pri. Sch.	11.951876	11.749398
35.	Espaço aberto de Nayinawa Tsangaya	11.944429	11.745901
36.	Tsamiya Lilo	11.953675	11.743596
37.	Espaço aberto Tukuban Akawu	11.952701	11.747001
38.	Clínica veterinária, Veterinária	11.955924	11.742835
39.	Portão de Bulama Kurma	11.965807	11.747414
40.	Bulama Kurma, Kalloma's G	11.967438	11.747846
41.	Serviço de Bombeiros	11.96398	11.744761
42.	Clínica de maternidade, Clínica	11.966279	11.745017
43.	Portão Modu Fadkema	11.964746	11.750322
44.	Njiwaji Pri. Sch I	11.968126	11.745036
45.	Njiwaji Pri. Escola II	11.968342	11.745763
46.	Njiwaji Layout, K/ Masallaci	11.970189	11.746785
47.	Furo de Pompamari	11.968715	11.752915

Fonte: Observação de campo/trabalho (2015)

a = dimensão da zona de estudo

d= a distância média entre as unidades de votação

n= o número de unidades de voto

Os valores de Rn variam entre (quando não existe qualquer distância) e 2,15 (quando as UP têm um espaçamento mínimo e estão regularmente distribuídas). Uma distribuição puramente aleatória tem um índice de valor 1,0; valores superiores a 1,0 indicam uma tendência para o espaçamento e valores inferiores a 1,0 indicam agrupamento, ou seja

Rn= 0: implica que a distribuição dos pontos é de cluster

Rn= 1: implica que a distribuição dos pontos é aleatória

Rn = 2,15: implica que a distribuição dos pontos é regular ou uniforme.

Índice do vizinho mais próximo utilizado para determinar o padrão de distribuição das UP na área de estudo. A distância entre dois pontos (que representam n), com o tamanho da área (que é representado por a), e a distância de Manhattan foram utilizadas para determinar o padrão de UPs na área de estudo e foram gerados o valor Rn, a pontuação Z, a distância média observada/distância média esperada e o valor P.

3.7 Determinação das unidades de votação que necessitam de relocalização e das UP

Localizado num espaço aberto

A pesquisa espacial serviu para testar a base de dados criada pela procura de atributos dentro do bairro, que devem ser lógica e sistematicamente definidos. Isto deu lugar à consulta da base de dados para responder a questões genéticas como "o que é onde" e onde está o quê". No decurso deste trabalho, as operações de pesquisa espacial foram efectuadas por seleção. A seleção por atributo foi utilizada para procurar as consultas, que incluem:

1. Mostra que todas as UPs precisam de ser relocalizadas, com base nas UPs localizadas em casas particulares
2. Mostra que todas as unidades de voto necessitam de abrigo, com base nas UP

localizadas num espaço aberto.

3.8 Análise de rede

A distância ao longo de estradas ou outras redes de linhas é uma informação fundamental em muitas aplicações. Uma rede é um conjunto de linhas interligadas que constituem um conjunto de características através das quais os recursos podem fluir. Uma rede com atributos adequados pode ser utilizada diretamente para encontrar o caminho mais curto e medir a acessibilidade às instalações mais próximas. As redes podem também ajudar a resolver problemas de localização e planeamento de transportes. São necessárias informações adicionais, como direcções e distâncias. O conjunto de dados da rede, que é um pré-requisito para o analista de redes, foi criado utilizando o assistente Arc Catalog. Neste assistente, todos os parâmetros da rede, como o campo de velocidade e os campos de nome, são identificados e as regras de análise são descritas.

3.8.1 Análise da área de serviço

A análise da área de serviço cria um polígono de proteção em torno de um destino que engloba todas as áreas que podem aceder ao destino num determinado período de tempo ou distância. Ao efetuar a análise das áreas de serviço, mostramos como a acessibilidade varia com a impedância. A análise da área de serviço criou zonas de proteção em torno de todas as UP da metrópole de Damaturu, mostrando a distância máxima que uma pessoa de cada centro populacional pode percorrer em 200 metros, 400 metros e 600 metros.

3.8.2 Critérios utilizados para selecionar a melhor localização das novas UPA propostas

As novas UPAs propostas devem ser localizadas numa área sem serviços à distância de corte (200m, 400m e 600m). A localização selecionada inclui os edifícios públicos, espaços abertos e furos que se encontram dentro da área sem serviços.

Capítulo 4

RESULTADOS E DISCUSSÃO

4.1 Apresentação dos resultados

De forma geral, este capítulo é composto pela apresentação e discussão dos resultados alcançados no decorrer deste trabalho. Os resultados apresentados incluem o do padrão de distribuição espacial (vizinho mais próximo médio), PUs que necessitam de relocalização e copa/tenda, área de serviço dos PUs existentes e nova área de serviço dos PUs propostos. No entanto, os respectivos resultados foram discutidos para se chegar a uma conclusão.

O resultado obtido no local de investigação revelou que as UP existentes na área de estudo eram quarenta e sete, como mostra a Figura 4.1. O resultado obtido no Arcmap utilizando ferramentas de análise estatística para o vizinho mais próximo médio é apresentado na Figura 4.2.

Os resultados obtidos para as UPAs que necessitavam de relocalização foram apresentados na Figura 4.3 e na Tabela 4.1, enquanto a Figura 4.4 mostrou as UPAs que necessitavam de copa/tenda.

Tendo processado com êxito a análise da rede e obtido os resultados, a área de serviço das UP existentes e das novas UP propostas foi apresentada nas Figuras 4.5 e 4.6, enquanto a área de serviço das UP existentes e das novas UP propostas foi apresentada na Figura 4.7 e na Tabela 4.2.

4.2 Discussão dos resultados

A discussão dos resultados inclui o vizinho mais próximo médio, as unidades de voto que necessitam de relocalização e a análise da área de serviço.

4.2.1 Vizinho mais próximo médio

A partir da Figura 4.1, a área de estudo é constituída por quarenta e sete (47) UPs existentes. A Figura 4.2 também mostra que a análise de vizinhança mais próxima das

UP na metrópole de Damaturu indica que $R_n = 1$ com um valor crítico de -1,65 a 1,65, área de estudo = 60430961m², o rácio de vizinhança mais próxima foi de 0,908094, a distância média observada foi de 514,851064metros, a distância média esperada foi de 566,957919metros e o teste foi significativo: O valor de P foi de

Figura 4.1: UPAs existentes na área de estudo

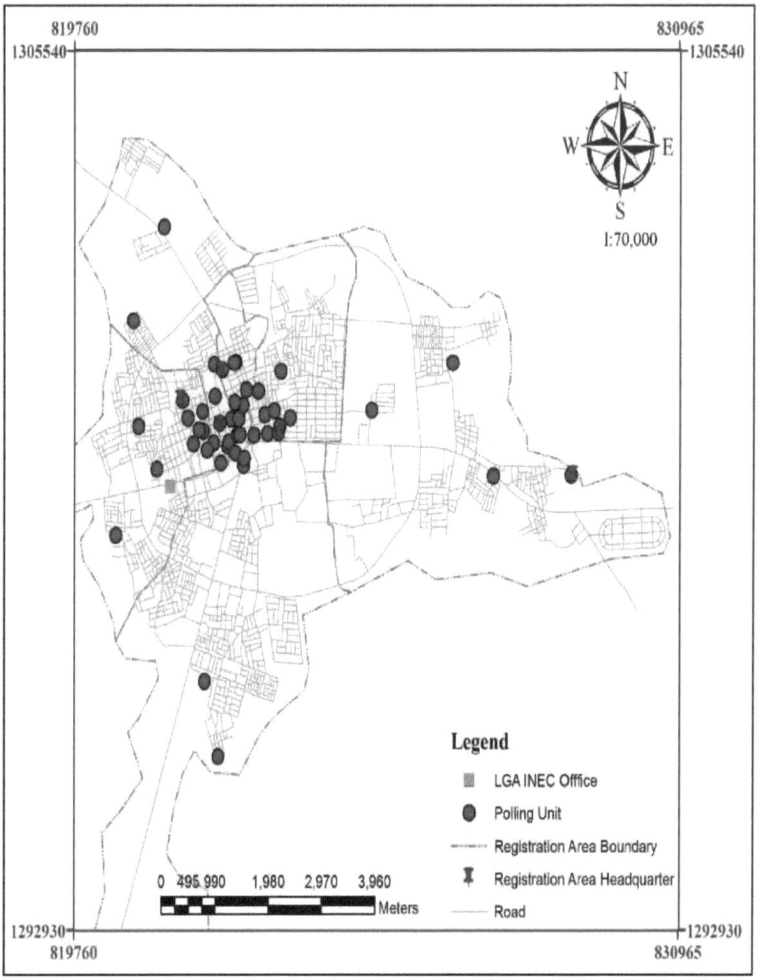

Rácio do vizinho mais próximo: 0,908094

pontuação z: - 1,205380;-

p-valor: 0,228057

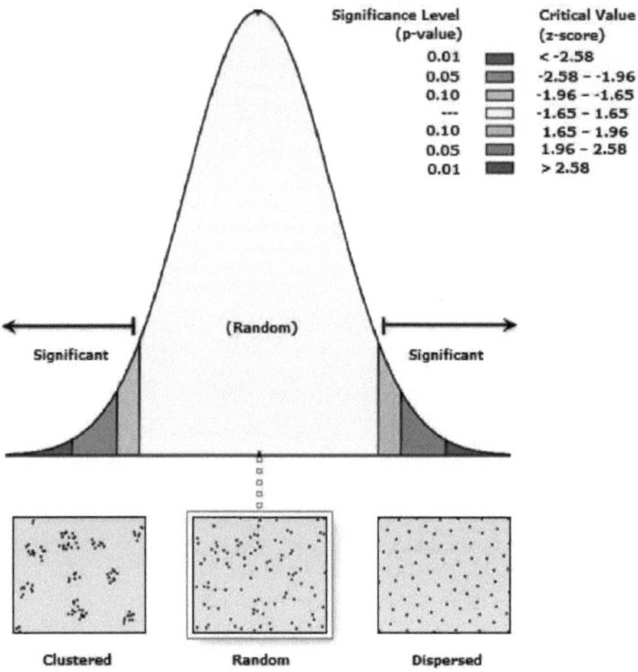

Figura 4.2: Gráfico do vizinho mais próximo médio

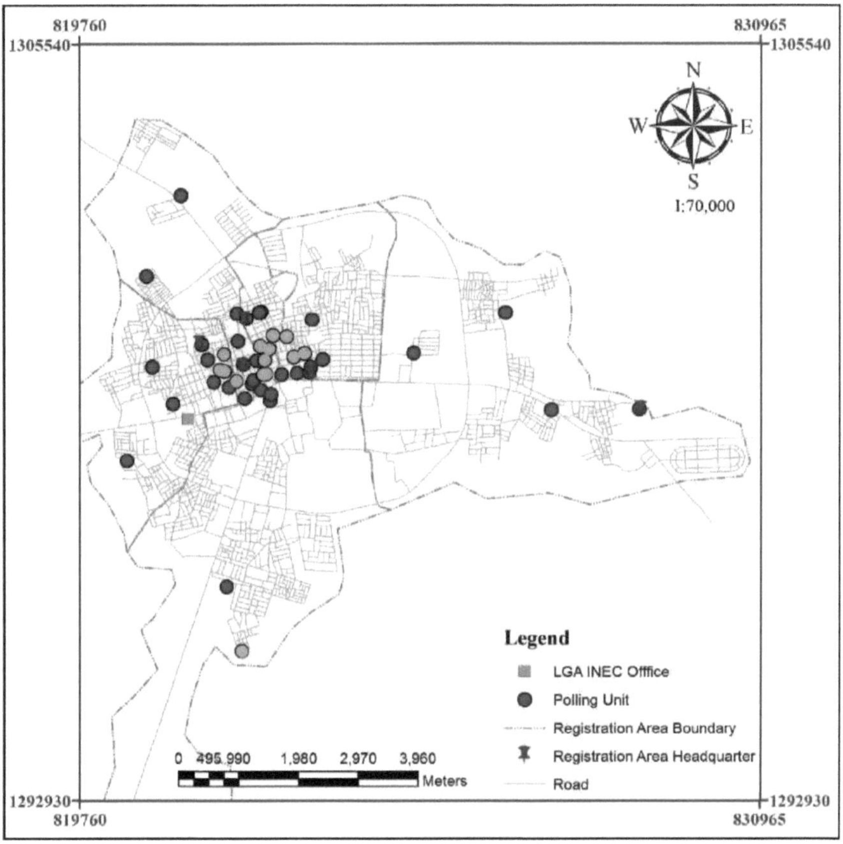

Figura 4.3: Todas as UPs que necessitaram de relocalização

Tabela 4.1: Número de UPs por RA que necessitam de relocalização e respectiva percentagem

Área de registo (RA)	N.º de unidades de voto por AR	Percentagem
Bindigari/Fawari	1	7.14%
Damaturu Central	7	50%
Maisandari/ Waziri Ibrahim	0	0%
Nayinawa	3	21.43%
Njiwaji/Gwange	3	21.43%
Total	14	100%

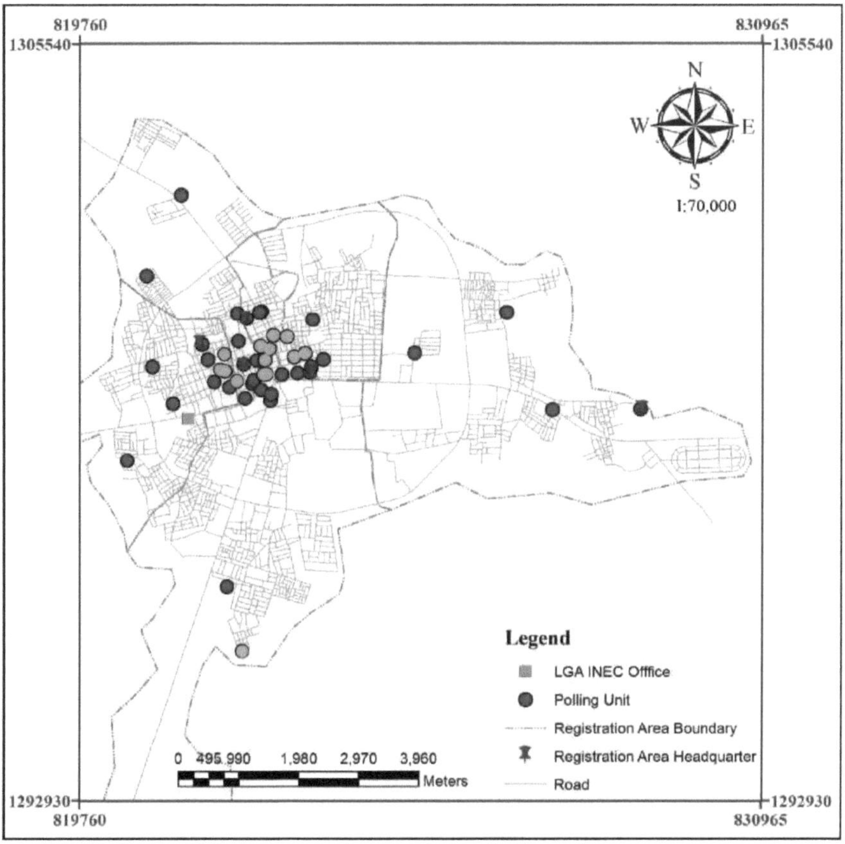

Figura 4.4: Todas as UP que necessitaram de tenda/dossel

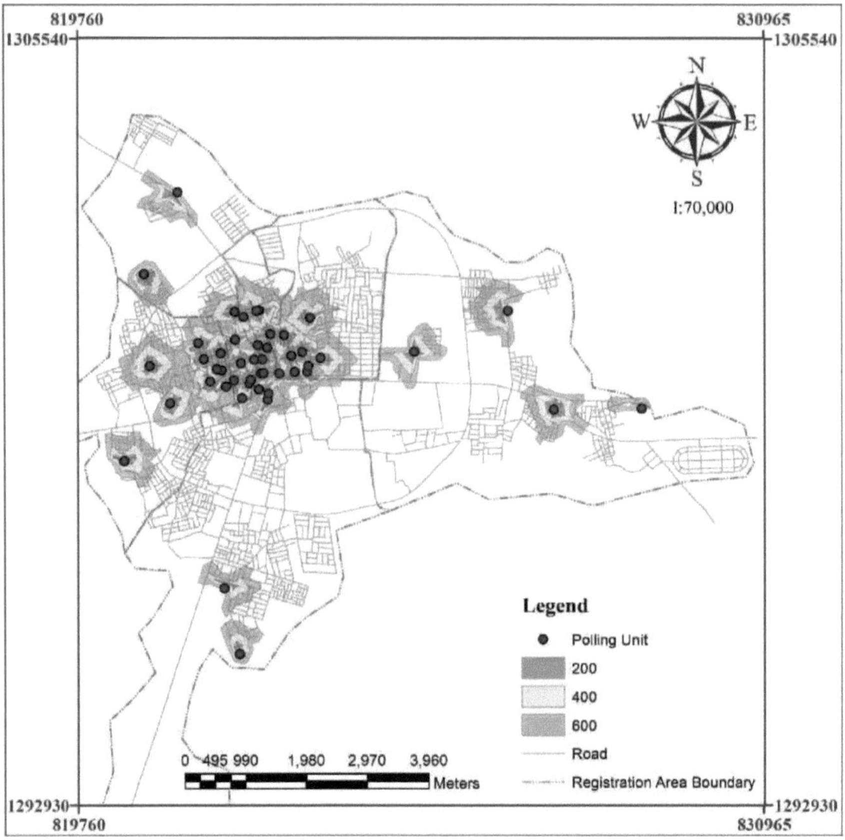

Figura 4.5: Áreas de serviço dos PUs existentes

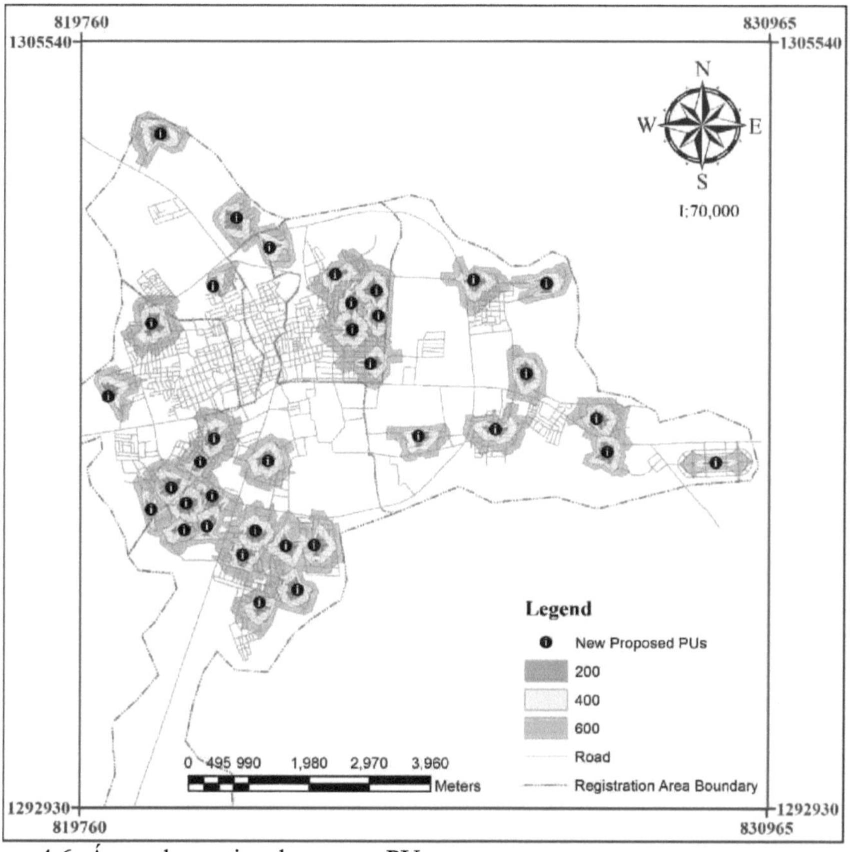

Figura 4.6: Áreas de serviço dos novos PUs propostos

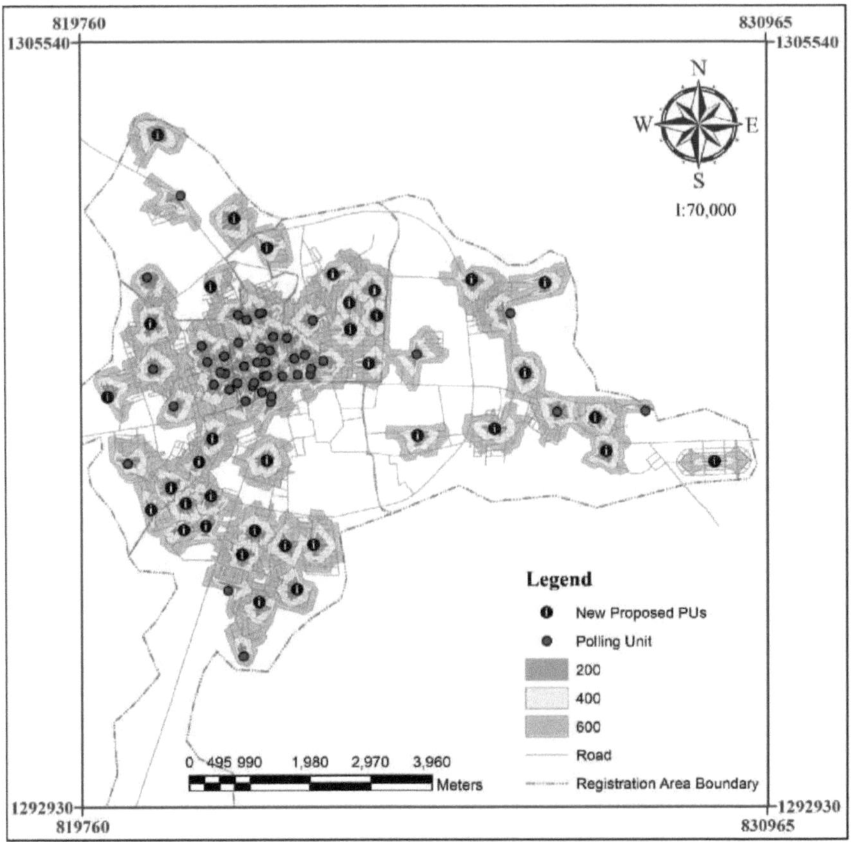

Figura 4.7: Áreas de serviço dos actuais e dos novos PUs propostos

Quadro 4.2: Número de unidades de voto existentes e novas propostas por zona de registo

Área de registo (RA)	N.º de UPs existentes	N.º de novas propostas
Bindigari/Fawari	10	3
Damaturu Central	14	13
Maisandari/ Waziri Ibrahim	4	8
Nayinawa	10	4
Njiwaji/Gwange	9	7
Total	47	35

0,228057, o valor Z foi de -1,205380. O resultado da análise revela, por conseguinte, que o padrão de distribuição das UP na metrópole de Damaturu é aleatório.

4.2.2 As unidades de votação precisam de ser relocalizadas e de ter uma cobertura/tenda

As conclusões sobre as UPs que necessitavam de relocalização na área de estudo revelaram que das quarenta e sete (47) UPs existentes na área de estudo. Apenas catorze (14) UP necessitavam de relocalização, das quais uma (7,14%) pertence à RA de Bindigari/Fawari, sete (50%) pertencem à RA Central de Damaturu, 0 (0%) pertencem à RA de Maisandari/Waziri Ibrahim, três (21,43%) pertencem à RA de Nayinawa e três (21,43%) pertencem à RA de Njiwaji/Gwange, como se pode ver na Figura 4.3 e no Quadro 4.1

Além disso, a Figura 4.4 mostra o resultado de uma outra consulta, que apresentava as UPAs que se encontram num espaço aberto, tendo-se descoberto que, de 47 UPAs, apenas 13 UPAs se encontram num espaço aberto. Isto significa que as UPAs precisavam de um toldo/tenda no dia das eleições.

4.2.3 Análise da área de serviço

A Figura 4.5 mostra que as 47 UP existentes na metrópole de Damaturu estão concentradas na parte central da cidade e, sobretudo, nalgumas partes da cidade. Parece que a maior parte dos residentes da cidade não tem acesso às UP com base na distância de 200, 400 e 600 metros a pé. Enquanto 35 novas UPAs propostas na metrópole de Damaturu serviriam a área que as UPAs existentes não serviram, como se apresenta na Figura 4.6.

Além disso, a Figura 4.7 mostra os PU existentes e os novos PU propostos, que servem quase toda a cidade, de acordo com a distância de caminhada projectada (200, 400 e 600 metros). A Tabela 4.2 também apresenta que os PUs existentes eram 47 e os novos PUs propostos eram 35. As 3 das 35 novas UPAs propostas pertenciam à RA de Bindigari/Fawari, 13 UPAs também pertenciam à RA Central de Damaturu, enquanto 8 UPAs pertenciam à RA de Maisandari/Waziri Ibrahim, também 7 UPAs pertenciam à RA de Nayinawa e as restantes 4 UPAs pertenciam à RA de Njiwaji/Gwange.

RESUMO, CONCLUSÕES E RECOMENDAÇÕES

Resumo

Este trabalho abrangeu as UP existentes na cidade de Damaturu, sede do Estado de Yobe. A investigação descreve quarenta e sete (47) UPs. O objetivo do estudo era cartografar e fazer uma análise das UP, e foi realizado utilizando o ArcGis 10.3 para consultas, análise do vizinho mais próximo e análise da área de serviço. As coordenadas GPS das UP foram recolhidas e posteriormente utilizadas para mapear as UP. A análise revelou que o padrão de distribuição das UP na área de estudo é aleatório com base no valor de Rn obtido. De igual modo, foi criada a base de dados das UP e foram efectuadas várias consultas à base de dados.

A investigação atingiu os seus objectivos ao fornecer informações sobre a forma como os PU foram distribuídos e ao analisar a área de serviço na zona de estudo. A análise utilizando o SIG é atualmente relevante na Nigéria, uma vez que a taxa de eleitores está a aumentar. Uma vez que as urnas de voto têm relevância situacional e, por conseguinte, têm um elemento posicional associado, o SIG pode ser uma ferramenta muito útil para apresentar e aplicar a análise espacial aos dados, que residem em grandes bases de dados, a fim de obter uma forte apreciação visual dos padrões das urnas de voto.

Conclusão

Esta investigação sobre a cartografia e a avaliação das unidades de voto na metrópole de Damaturu forneceu informações sobre a localização das unidades de voto existentes na metrópole de Damaturu. A investigação revelou também a proximidade das pessoas às unidades de voto existentes em termos de distância a pé. A localização das unidades de votação existentes parece ser inadequada e está localizada aleatoriamente, sobretudo na parte central da metrópole de Damaturu, o que mostra que os eleitores tiveram de percorrer uma longa distância para chegar aos seus pontos de votação nos dias de eleições. Foram propostas novas unidades de votação que podem servir a população da metrópole de Damaturu, de modo a que esta não tenha de percorrer grandes distâncias para chegar às suas unidades de votação nos dias de eleições. Com base na investigação, foi proposto um número total de trinta e cinco novas unidades de voto.

As potencialidades da tecnologia SIG na conceção e criação de bases de dados foram demonstradas e consideradas mais eficientes do que a abordagem manual. A base de dados criada mostrou, num relance, os atributos e os dados espaciais das PUs. Algumas das consultas efectuadas, que incluem: mostrar todas as UPAs que se encontram num espaço aberto, mostrar todas as UPAs que necessitam de relocalização e mostrar todas as UPAs que necessitam de mais UPAs. Estas consultas efectuadas mostraram as capacidades do SIG na manipulação de dados para resolver problemas ambientais.

Por fim, concluiu-se que o SIG é uma ferramenta poderosa para a gestão de dados espaciais, uma vez que oferece uma grande facilidade de utilização das características geográficas e dos seus atributos numa base de dados informática. O SIG é também fundamental na avaliação das UPs, fornecendo informação relacional espacial.

Recomendação

Com base na análise dos resultados, nos resultados da investigação e na conclusão deste estudo, foram feitas as seguintes recomendações.

1. A utilização da tecnologia GIS no planeamento e gestão das UP deve ser incentivada para uma utilização óptima das UP.
2. Deverá ser efectuada mais investigação sobre a localização e a análise da atribuição (com base na população).

REFERÊNCIAS

ACE (2015), http://aceproject.org/main/english/em/eme06.htm sítio visitado em 21/12/2015

Agnew, D.C. e Larson, K.M. (2007). "Encontrar os tempos de repetição da constelação GPS". GPS Solutions (Springer) 11 (1): 71-76. doi:10.1007/s10291-006- 0038-4.

Ahmed, M. N., M. U. Mohammed e Y. IDRIS (2013). Uma análise baseada em SIG das distribuições de delegacias de polícia na metrópole de Kano. *IOSR Journal of Computer Engineering (IOSR-JCE),* Vol. 8, pp72-78.

Aliyu A., M. A. Shu'aibu e R. M. Aliyu (2013). Mapeamento e distribuição espacial de escolas pós-primárias na área de governo local de Yola North do estado de Adamawa, Nigéria. *Revista Internacional de Ciência e Tecnologia,* 2.

Barbara, T. (2010). Definição e consentimento das assembleias de voto e do local de votação. [http://www.cdn-sitelife.ehow.com] sítio visitado em 14/06/2015

Burrough, P. A. (1998). *Principles of Geographic Information System*, Oxford University Press, Nova Iorque.

Douglas, W. J. (2003). "Uma breve história ilustrada da votação". Recuperado em 20 de fevereiro de 2013. Handbook for polling station staff, Acedido em 2nd novembro, 2015.

Eklund, L., & Martensson, U. (2012). Utilização de sistemas de informação geográfica para analisar a acessibilidade aos serviços de saúde na Cisjordânia, território palestiniano ocupado. Emhj, 18(8)

Fischer, M. M. e P. Nijkamp (1993). *Design and use of geographic information systems and spatial models*, Nova Iorque.

Georgezur B., Daniel A., Michael A., Etienne F. e Pascal F. (2005). "Navegação contínua combinando GPS com cálculo de tempo morto baseado em sensores". "Posso publicar imagens na Web?" Centro de ajuda do Google Earth.

Almanaques GPS". Navcen.uscg.gov. Recuperado em 15 de outubro de 2015.

Perguntas e respostas sobre GPS e disponibilidade selectiva". Recuperado em 28 de outubro de 2015.

Visão geral do GPS do Gabinete do Programa Conjunto NAVSTAR. (2006). Recuperado em 27 de outubro de 2015

Notas de apoio do GPS (PDF). 19 de janeiro de 2007. Arquivado do original em 27 de março de 2009. Recuperado em 1 de agosto de 2015.

Haspel, M. e Knotts, G. (maio de 2005). "Location, Location, Location: Precinct Placement and the Cost of Voting" **67** (2). Estados Unidos da América: Southern Political Science Association. pp. 560-573

Idowu, T. O. (2013). Estimativa da quantidade de escoamento superficial para determinar a localização e o tamanho adequados das estruturas de drenagem na metrópole de Jimeta, Estado de Adamawa, Nigéria *Journal of Geography and Earth Science* I (1) página 1929.

Inobeme, J., Ayanwole A. K. (2009). Uma avaliação da distribuição espacial das escolas secundárias públicas na zona de Zaria, Estado de Kaduna. *The Information Manager* Vol.9 (1) 2009

Jonah B., Marc, M. (2008). "O local de votação pode influenciar a forma como os eleitores votam?". Recuperado em 2 de novembro[nd] , 2015.

Kibon, U. A. e Ahmed M. (2013). Distribuição de instalações de cuidados de saúde primários na metrópole de Kano usando GIS. *Revista de Investigação em Ciências do Ambiente e da Terra*.

Lawrence, N., Kleinschmidt, I. e Sharp B.L. (2006): Spatial analysis and mapping of malaria risk in Malawi using point-referenced prevalence of infection data *International Journal of Health Geographics* 2006, 5:41 doi: 10.1186/1476-072X- 541 http://www.ij-healthgeographics.com/content/5/1/41 Acedido em 16/10/2015

Manjula K.R., Jyothi S. & Anand Kumar Varma S. (2010) Digitizing the Forest Resource Map using ArcGIS *International Journal of Computer Science* Issues, Vol. 7, Issue 6.

Mills, G. (2002). Democratic Participation and Political Communication in Systems of Multi-level Governance. [http://www.ucd.ie/dempart/brusselsconference/] visitado em 13/07/2015.

Conferência Nacional Anual da MPSA, (2008). Electoral Salience and the Costs of Voting at National, Sub-National and Supra-National Elections in the United Kingdom: [http://www.allacademic.com/meta/268869_index.html] sítio visitado em 06/08/2015.

Musa, H. D. e Mohammed, B. B. (2012). Uma análise da distribuição espacial das escolas primárias e secundárias na cidade de Bida, Nigéria. *Abuja Journal of Geography and Development* Vol. 3. No.2.

Nduwake, K. N. (2001). Digital Technology in Surveying and Mapping (Tecnologia Digital em Levantamento e Cartografia). Enugu, Nigéria: Editora Rhyce Kerex.

NPC (Comissão Nacional da População), 2011: Dados do Censo da População, NPC, e Abuja, Nigéria.

Olubadewo, O. O, Abdulkarim, I. A. e Ahmed M. (2013). A utilização do GIS como Sistema de Apoio à Decisão Educativa (EDSS) para as escolas primárias na área do governo local de Fagge do Estado de Kano, Nigéria. *Investigação Académica Internacional,* 4.

Sule J. O, H. S. Abdullahi e J. Bungwon (2012), Acquisition of Geospatial Database for Primary Schools in Kaduna Metropolis, *Research Journal of Environmental and Earth Science*.

Tijjani, A. M. (2014). Análise da distribuição espacial das escolas primárias públicas na área do governo local de Tarauni, Estado de Kano, Nigéria. Projeto do último ano.

MIX
Papier aus verantwortungsvollen Quellen
Paper from responsible sources
FSC® C105338

Printed by Books on Demand GmbH, Norderstedt / Germany